U0174560

THE FAST GUIDE TO ARCHITECTURAL

图解设计思维过程小书库

图解设计思维过程小书库

建筑造型速成指南

创意、操作和实例

[意] 布亚斯·拉菲利（Baires Raffaelli） 著

滕艺梦 栗茜 译

机械工业出版社
CHINA MACHINE PRESS

FORM

"图解设计思维过程小书库"引进了时下国外流行的图解类建筑设计工具书，通过轻松明快的编排方式、简单明了的图像以及分门别类的主题，使读者可以在床头案边随时翻阅，激发灵感，常读常新。

本书是针对规划和设计过程中各种造型手段的一个总结，分为形状物语、体量操作、组合出击、地面棋局、最终的火焰五大板块，运用图解的方式生动讲述折叠、挖除、包含等28种基本的建筑生成手段和更多叠加运用的复杂方法。在设计过程中灵活使用这些简单可行的手法，规避雷区，往往能够带来直击人心的造型效果。

本书适合作为建筑设计及相关设计专业学生的教学辅导书，也可以作为建筑设计从业者的灵感参考书。

The Fast Guide to Architectural Form by Baires Raffaelli/ISBN 9789063694111

This title is published in China by China Machine Press with license from BIS Publishers. This edition is authorized for sale in China only, excluding Hong Kong SAR, Macao SAR and Taiwan. Unauthorized export of this edition is a violation of the Copyright Act. Violation of this Law is subject to Civil and Criminal Penalties.

本书由BIS Publishers授权机械工业出版社在中华人民共和国境内（不包括香港、澳门特别行政区及台湾地区）出版与发行。未经许可之出口，视为违反著作权法，将受法律之制裁。

北京市版权局著作权合同登记　图字：01-2018-4804号。

图书在版编目（CIP）数据

建筑造型速成指南：创意、操作和实例 /（意）布亚斯·拉菲利（Baires Raffaelli）著；滕艺梦，栗茜译.—北京：机械工业出版社，2019.12（2021.1重印）
（图解设计思维过程小书库）

书名原文：The Fast Guide to Architectural Form

ISBN 978-7-111-63799-8

Ⅰ.①建…　Ⅱ.①布…②滕…③栗…　Ⅲ.①建筑设计—造型设计—图解　Ⅳ.①TU2-64

中国版本图书馆CIP数据核字（2019）第212990号

机械工业出版社（北京市百万庄大街22号　邮政编码100037）
策划编辑：时　颂　责任编辑：时　颂
责任校对：李亚娟　封面设计：栗　茜
责任印制：孙　炜
北京利丰雅高长城印刷有限公司印刷
2021年1月第1版第3次印刷
130mm×184mm·4.75印张·2插页·85千字
标准书号：ISBN 978-7-111-63799-8
定价：39.00元

电话服务
客服电话：010-88361066
　　　　　010-88379833
　　　　　010-68326294
封底无防伪标均为盗版

网络服务
机　工　官　网：www.cmpbook.com
机　工　官　博：weibo.com/cmp1952
金　书　网：www.golden-book.com
机工教育服务网：www.cmpedu.com

专家寄语

建筑设计是一种多维链接的系统思维，其过程很难表述为规定性的标准程序。然而在复杂的过程中，有时一个形象或是一幅图解就能给予启发，激活整个思维。这套"图解设计思维过程小书库"呈现了类型丰富的作品案例和简明准确的图示解析，面向操作，可读性强，是建筑专业学生不可多得的工具性参考书，也可以作为执业建筑师的点子和方法宝库。

——张彤，东南大学建筑学院院长

此套小书库有助于理解建筑创作的逻辑规律，有助于建立起理性思维习惯，有助于激发创造力。

**——曹亮功，北京淡士伦建筑设计有限公司总建筑师，
全国高等学校建筑学专业教育评估委员会第三第四第五届副主任委员**

建筑设计是空间的创造与表达。图解思维可启迪设计灵感，是空间基础训练最有效的方法，对提高设计水平是有益的。

——吴永发，苏州大学建筑学院院长

图示表达为建筑设计的根本语言，图示思维是建筑创作的基本方法。愿此书为您打开理解建筑的大门，打通营造环境的途径！

——王绍森，厦门大学建筑与土木工程学院院长

"图解设计思维过程小书库"以轻松明晰的风格讲述建筑学及建筑设计的方法。"授之以渔"永远比"授之以鱼"重要，此书可以帮助建筑学的学子透过建筑图片表象，了解图片背后的生产逻辑、原因和路径。

——何崴，中央美术学院建筑学院教授

丛书序

自 20 世纪初，德国包豪斯、苏联呼捷玛斯开始现代主义建筑空间造型理论与教育方法的研究，已过去整整一百年了。百年前的先贤们奠定的空间造型理论与方法被广为传播，在世界各地开花结果，成为百年来现代主义建筑创作的重要基础，也是工业革命以来现代建筑发生发展的重要依据。不仅仅是这些创作理论与方法的贡献，包豪斯与呼捷玛斯一起也在设计空间构成与造型教育方向成果颇丰，成为现代建筑教育重要的指南和基石。

基于这样的教育思想和训练方法，世界各国大学的建筑空间造型训练与教育虽不尽相同，但大体思想却出奇一致，那就是遵循现代主义建筑的结构技术体系、造型方法体系、现代材料的逻辑体系，形成整体的空间造型训练。但正如文学语言的构成需要字词句等基础元素，建筑教育界却在建筑造型的基础语言元素体系方面训练较少，缺少必要的方法和理论。初学者缺乏必要的基础元素训练，欠缺较完整的基础空间构成体系的训练，甚为遗憾。

2011 年，荷兰 BIS 出版社寄赠予一套丛书，展示了欧洲这方面的最新研究成果，弥补了这方面的遗憾，甚为欣慰。此套丛书从建筑元素设计、建筑空间结构与组织、多功能综合体实践等各个方面，将建筑基础元素与空间建构的关系进行了完美的解答，既有理论和实例，又有设计训练方法，瞄准创意与操作，为现代建筑教育训练提供了实实在在的方法，是一套建筑初步空间构成探索与训练的优秀作品。

《建筑元素设计：空间体量操作入门》一书，开创性地将抽象方法联系到更为实际的建筑元素中，力图产生一套更为系统和清晰的建筑生成逻辑，强调体量操作中引入各种建筑元素，激发进一步研究和探索元素设计的可能性，三个建筑元素（垂直交通、开洞和场地）的选择，将空间与体验相联系。

《建筑造型速成指南：创意、操作和实例》一书，是作者与建筑师在教学与建筑实践方面十余年的合作成果。通过重复使用和组合简单的建筑元素来解决复杂的空间要求，对于循序渐进地提高学生创意能力帮助巨大。

《建筑折叠：空间、结构和组织图解》一书，将折纸作为一种训练手段，探讨充满体量感的设计创意的可能性挑战，注重评估折纸过程中的每一个步骤，激发创造力，追求建筑设计中的理性与空间逻辑，形成了独特的训练方法。

《创新设计攻略：多功能综合体实践》一书，通过多功能建筑综合体，探讨结合私密空间和公共空间的非传统和实验性的方法；通过复杂功能的理性划分，探讨公共空间的多种策略；通过分析、计算机空间模拟、实体以及数字模型多种方法，达到训练目标。

四本书各有特点，每本都从最基本的建筑造型元素出发，探讨空间造型与训练方法，并将此方法潜移默化于空间的创造之中，激发学生的灵感。

谨代表中国的建筑学专业教师与学生一起感谢机械工业出版社独具慧眼，引进了一套非常有价值的教学训练丛书。

韩林飞

米兰理工大学建筑学院教授、莫斯科建筑学院教授、

北京交通大学建筑与艺术学院教授

中文版序言

本书是建筑和工程学院设计工作坊与建筑师伊利欧·拉瓦共同实践的成果。十年来的合作关系，使我们意识到需要开发一种方法，以帮助学生们循序渐进地提高创意能力。

因此，这是一本实操性非常强的工具书，有大量的表格和案例可供查询，我们探索的是，在设计初始阶段选定形式后，如何将抽象的造型概念转化为实际的建筑。

我们认为，每一项选择，即便是一个微小的细节，都有可能是最终完全背离或加强初始造型的决策。因此，设计过程虽说是一种本能和灵光一现，但它更是一种拥有精确规则和约束力的科学。

本书是我们正在准备出版的系列丛书之一。编写该系列丛书的最终目的，是希望对设计过程进行探索和整理，引领和帮助设计师们走一遍我们认为是正确和合乎逻辑的设计道路。

本书的每一章节，以主要项目概念的提炼和定义入手，将概念完整而清晰地传达给大众。内容上，涵盖了所有的中间步骤，比如空间定义、场所关联以及设计语汇的使用——构成、色彩、材料、技术和结构方案。

以上种种，均是为了强化初始概念。

我们已经快速地整理出了一份在初始阶段指导设计师们的指南，将项目分析与创意联系在一起。同时，通过图解和简单的语句来充分解释公共和私人空间，并尤其注重其可达性。

这些年来，我们逐步总结出一套原则，即通过重复使用和组合简单的建筑元素来解决复杂的空间要求。以往这些研究内容仅能通过我们的项目和讲座发布，而现在我们决定把这些内容编写成书。我们的目的是，总结出一套新式的设计方法，使得设计在不同的需求和情况下，都能万变不离其宗。

这本小小的书，希望能带给中国的读者一些启迪和灵感，从现在开始，尽情造型吧！

布亚斯·拉菲利

序言

你可以用两种方式来阅读此书：把它作为教材，或视为一个挑战。作为教材它很珍贵，因为如今市面上并没有很多好书来指导建筑的形式构成。但教材的局限性在于，随着时间的推移，书中的一些观点必定会过时或被推翻，因为即使是最智慧明理的设计师，也无法让每一个点子都常用常新。所以我想，最好还是把这本书当作是一个挑战：创意的定律在于永恒而多变，而这本书大可作为与之对弈中的一招制胜棋。

路易吉·普利斯汀嫩扎·普格里西

"我现在要告诉你们的，是我们通常教给三年级或四年级物理系研究生的内容……我的任务是要保证你们不要因为无法理解而扭头就走。你们瞧，我的物理系学生也不懂这个……因为我自己也不懂。没人能懂。"

理查德·费曼

前言

建筑源自理念，而理念是用来组织、理解并赋予体验和外在信息以意义的一种特定的思维结构。这就是为什么说"优秀的规划方案并不仅在于外表之新颖，更在于其后独具的匠心。"

建筑的失败和教条在于没有把理念作为主导空间设计的根基。虽然之后可以用装饰或形式的处理手法来丰富设计，但这并不能被称作"建筑"，充其量只能算作形式主义，因为"建筑精神是一栋楼的基因所在，是一种贯彻整个结构且植根深重的感悟。"

建筑外形可以被诠释为存在于"空间"中的"体量"，或反过来说，作为"空间"——被界定和容纳——"挤压并同时承受压力的空间"。

我们在这里研究的是，特定"形状容器"的选择和进一步体量操作之间的关系，并逐例研究它们如何互为依托。一旦对形状做出感性选择或决定，我们希望在不违背初始选择的基础上，研究针对其功能、分布和技术解决的规划方案，并尽可能地强化其概念。

目录

形状物语

DEFINITION OF THE SHAPE

"说到'形式',我们是在讲建筑外在的视觉表现（线条、轮廓、形状和构成）；说到'功能'，则是在讲建筑物的结构和功能需求（建造、栖居、规划、秩序、用途、使用对象、材料和社会功能）。形式当然可以被形而上地认为拥有表达理念的'功能'，但我们在这里不将两者混为一谈。"

彼得·艾森曼

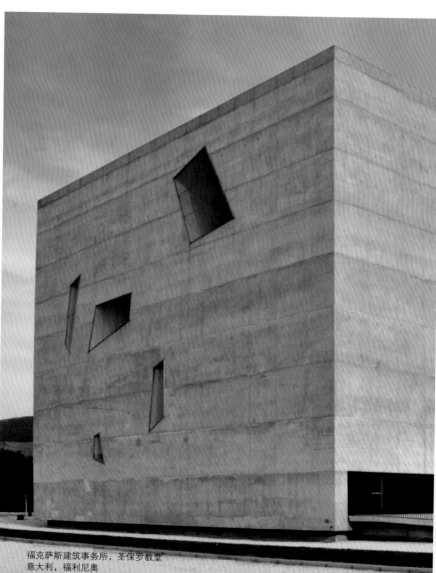

福克萨斯建筑事务所，圣保罗教堂
意大利，福利尼奥
摄影：Giorgio Panacci

"现如今有两种对立的建筑理念。一种是寻求去材质化、通透性和'所谓的'流动性";另一种则比较实在，体现在主体、实体、体量和质量上"。

路易吉·普利斯汀嫩扎·普格里西

一个看似厚重的体量

你可以

✓ 在表面开口，多一些也无妨，但必须相较于整个体量来说足够小。

✓ 移除开口处的体量，通过显示厚度制造出厚重体量的错觉。

你不能

✗ 开口相较于整个体量来说过大。

✗ 移除开口处的体量，暴露出真实的墙体厚度。

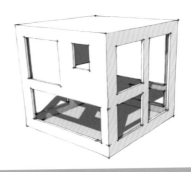

牢记

1. 在表面开口，多一些也无妨，但必须相较于整个体量来说足够小。

2. 保持实与虚的比例（即墙体与开口的比例）大于1，始终从完整的立面角度出发。

3. 把开口处当作是从完整体量中去除的部分，要强调整个体量的厚度。尽量避免暴露围合出体量的墙面。

3

厚重体量

#mass and matter

艾曼纽·蒙克斯建筑设计公司,巢鸭信用银行

日本,东京

摄影:岛大辅 / Nacása & Partners

MVRDV，双宅
荷兰，乌特勒支
摄影：Christian Richters

"当代设计的多元化景象似乎表达了某种"表层"的复杂性，这样的情况下二维概念化的趋势理所当然地成为应对当下建筑实践的自卫式回应。"

乔瓦尼·科尔贝利尼（Giovanni Corbellini）

一个看似中空的体量，由单一连续表面所围合

你可以

✓ 开大口。

✓ 通过其外壳来展现体量。

✓ 可以贯穿转角开口。

你不能

✗ 看起来像被"开挖"过一样，却并没有开口。

✗ 突出转角处的连续性。

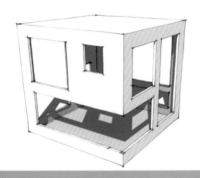 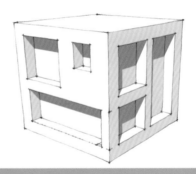

牢记

1. 保持实与虚的比例（即墙体与开口的比例）小于1。虚的越多，体量就越被消减，从而使围合出体量的外表面得以展现。

2. 运用单一的材料、手法和颜色来定义建筑的外壳。

3. 强调围合出体量的外表面的厚度。

面的解构
#de-compose by surfaces

藤本壮介，N 住宅
日本，大分县
摄影："Amy" Hay Mew Hwang

维斯纳&马塔沃·兹里克（Vesna & Matej Vozlič）建筑师事务所，林德公司
斯洛文尼亚，卢布尔雅那
摄影：Blaž Budja

面的构成

#compose by surfaces

> "在这里所说的面，实际上是会面的地点、偶遇的区域和混杂一切的空间
> ——绘画、电影、建筑、时尚甚至是人体都共享并发生化学反应的场所。"
>
> 朱利亚娜·布鲁诺（Giuliana Bruno）

由一系列平面交错而成的体量

你可以

✓ 将方形"盒子"分解为一系列平面。

✓ 将面化整为零，并裁剪至不规则形状。

你不能

✗ 将"盒子"闭合。

✗ 仅在各个表面分别开口。

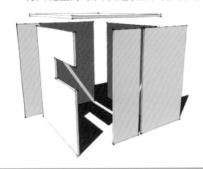 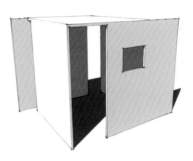

牢记

1. 通过互相靠近的平面来定义体量和空间，却不使它们真正地接触。面与面间不可共边。

2. 面与面间略微地错开，以显示出一些内部的细节。内外可以使用不同的颜色、建材和装饰。

3. 在面与面、错开处和边与边之间开口，或者直接使用不同形状的平面。

面的构成

#compose by surfaces

斯蒂文·霍尔建筑事务所，平面住宅（Planar House）
美国，亚利桑那州，天堂谷
摄影：Joson Roehner

MVRDV，卡文（Calveen）办公楼
荷兰，阿默斯福特
摄影：Rob't Hart

"在我看来，建筑中的折叠，意味着建筑正在成为由表面而不是网格定义的东西——这是一种从用坐标到用表面来思考空间的转变。"

格雷戈·林恩

由一个或多个折叠平面构成的体量，真实地展现了内与外的连续

你可以

✓ 在不同方向上折叠平面。

✓ 可以适量开口，但不可太多。

✓ 多用几组平面。

✓ 竖向上放置不同功能。

你不能

✗ 打破平面的连续性。

✗ 连续开口。

✗ 使用不同的建筑材料或颜色。

✗ 在折叠所产生的不同情境之下进行相同的布局。

牢记

1. 在楼层间设置幕墙，但不可越过折叠的平面。

2. 可以在幕墙上开全通透、半通透或实体的口。

3. 不要在连续的平面上开口。

EDUCATORIUM

16

折叠
#folding 2

雷姆·库哈斯，乌特勒支大学教育馆
荷兰，乌特勒支
摄影：CAF

藤原·室建筑设计事务所，向日之家
日本，京都
摄影：矢野纪行

"当大脑在处理、操控和过滤视觉信息时，它会下意识地寻找其中隐藏的结构和意义。"

程大锦

由一系列紧密排列的平面定义的体量

你可以

✓ 平移并弯曲平面。

✓ 使用不同大小的平面。

你不能

✗ 平面间距过大。

✗ 在平面上开口或切割。

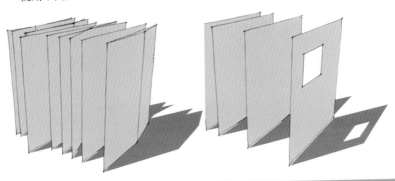

牢记

1. 不论竖直或水平排列，面与面的间距不可过大。在需要的时候，可以通过折叠进行小幅度的平移。

2. 在面与面间穿插透明或实体的幕墙，以此来强调间隔感。

3. 这一序列的平面必须同时作为建筑的主体结构。

伊东丰雄，托德斯专卖店
日本，东京
摄影：Res

"建筑形式摆脱了生成原因和原始生成方式（古典或现代建筑语汇）的束缚，并被简化为一种数据的组合，可以被无限操控和处理。"

隈研吾

由框架定义的体量

你可以

✓ 填充并连通框架内的空余空间。

✓ 使设计和结构一致。

✓ 使用均衡的链接。

你不能

✗ 添加一组独立于框架外的开口。

✗ 将幕墙置于框架之前。

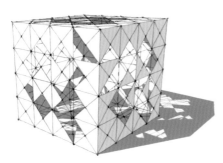 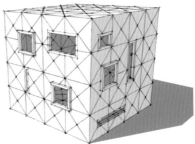

牢记

1. 根据某种几何或参数逻辑生成框架。

2. 将框架同时运用为立面图案和结构元素。

3. 在框架的空档处巧置玻璃或其他实体幕墙。

赫尔佐格 & 德梅隆，国家体育场（鸟巢）
中国，北京
摄影：Res

赫斯维克建筑事务所，2010上海世博会英国馆
中国，上海
摄影：Res

"若有似无地，如珍宝般包裹四周，将原先凌厉而精确的边界柔化至极简而模糊。"

丹妮拉·瑟罗齐（Daniela Cerrocchi）

由一组密集点状元素组成的体量

你可以

- ✔ 在点阵中开锐利的口。
- ✔ 左右移动框架。
- ✔ 从点阵中移除大块区域。

你不能

- ✘ 将框架设置得太疏。
- ✘ 在点阵中开过小的口。

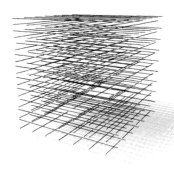 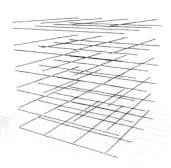

牢记

1. 尽量聚拢点状元素，不论是透明还是实心（就如同光纤一般），不要留有太多空隙。

2. 移除一部分由点状元素组成的体量，并在移除处开口。

3. 利用点状元素之间的空间，或元素本身，引入自然光作为夜间照明。

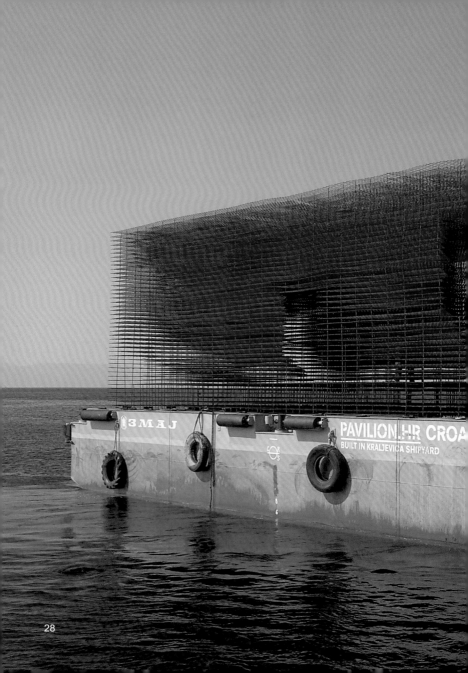

TEG-19

SANNA，迪奥专卖店
日本，东京
摄影：Res

30

"美好常藏于门后，但就算美国总统，有时候也得一丝不挂。"

鲍勃·迪伦

由透明材质定义的体量，
内外互相引入光线

你可以

✓ 交替使用半透明和全透明的材质。

✓ 开口。

✓ 将实体置于透明表皮之后作为屏幕。

✓ 在透明表皮背后设计一组独立的开口。

你不能

✗ 忽略了遮挡和暴露的问题。

✗ 实体部分的面积超过了透明部分。

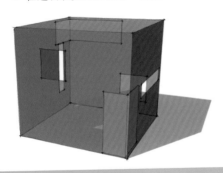
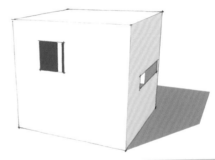

牢记

1. 分割立面，嵌入透明玻璃。

2. 在透明立面之后放置实体板材，用以处理光影效果；想象一下，夜晚内部灯光照亮之后，你就能看到它。

3. 考虑遮阳系统、能源利用和日常维护。

半透明
#demi-transparency

威尔·阿列茨建筑事务所，海牙中心
荷兰，乌特勒支
摄影：CAF

体量操作

OPERATIONS ON VOLUME

"是残缺给予我们灵感，而非完美。"

雷·布莱伯利

AMNT建筑设计事务所，JustK
德国，蒂宾根
摄影：Brigida Gonzalez

扭曲变形
#distortion

"诗歌是镜子，赋予扭曲之物以美。"

诗人雪莱

在原本规则的体量上塑形

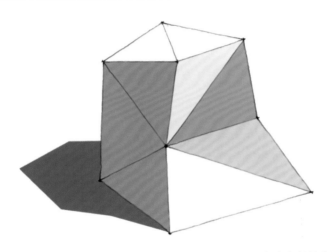

➕ 一种力量或多种力量之和作用于一个原本规则的体量，会产生新的造型。新造型需考虑未来的功能、结构和光照。

牢记

1. 移动和旋转规则体量的边界和顶点，并在造型时考虑未来的功能。

2. 在没有添加任何内容的初始体量上进行操作。

3. 均衡地处理所有表面，强调其是一个单一的体量。

丹尼尔·里伯斯金，犹太博物馆
德国，柏林
摄影：Guenter Schneider

OMA大都会建筑事务所，中央电视台总部大楼
中国，北京
摄影：Res

闭环折叠

40

"稍稍扭曲的事实，实际上是最危险的谎言。"

格奥尔格·克里斯托夫·利希滕贝格

折叠过的平行六面体

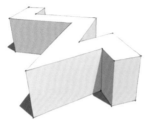

➕ 这是扭曲中的一种独特手法，即将平行六面体折叠，大多数情况下是水平方向折叠，形成一个类似管道状的形体。

开敞折叠

闭环折叠

牢记

1. 当三维内有明显主导方向时，才可使用此种折叠方式。

2. 在主导方向上，进行一次或多次的折叠。

3. 尽量保持一个恒定的切面。若要有切面的变化，则必须发生在转折处，或者循序渐进，避免在外表面形成阶梯状转折。

闭环折叠

纽特林和李迪克建筑事务所，IJ大楼
荷兰，阿姆斯特丹
摄影：David Bank

44

"美：所有部分按比例调和，使得增加、减少或改变其中任一部分，都会影响整体的和谐。"

莱昂·巴蒂斯塔·阿尔伯蒂

一个看似被切割并被挖除部分物质的体量

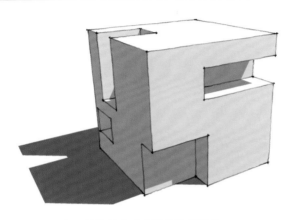

- 你必须通过想象原始体量来看出被挖除的部分。
- 有些建筑使用的是会自然风化的材料。此时，若柔化边角，则会使体量看起来更像是一个整体。

牢记

1. 从原有体量中挖除一部分，如同切割并取出原本内嵌的部分一样。

2. 用统一的手法处理原体量的表皮。

3. 在开挖处使用不同的材料或颜色，以此来强调挖除的操作。

挖除
#subtraction

多斯玛苏诺建筑事务所（dosmasuno arquitectos）：伊格那乔·博雷戈，
内斯特尔·蒙特内格尔，丽娜·托罗
莫斯托莱斯社区服务中心
西班牙，马德里
摄影：Miguel de Guzmán/ImagenSubliminal.com

48

分离
#separaction

"制造不仅仅是拼接零件，更是在于提出想法、测试理念、优化工程以及最终装配。"

詹姆斯·戴森

体量被切割为两个或更多的部分

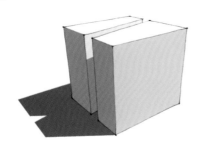

- 切割后的部分可以略微地移动或旋转，抑或是重新拼接在一起，并在切除处补充上另一种材料。这种材料往往是透明的，结合起两边并再一次呈现完整的体量。

- 沿着曲面切割，分开后略微错开。

牢记

1. 切割初始体量至两个或更多的部分。切割时思考所得空间的功能和用途。

2. 在每一部分使用相同的材料，以此来显示初始体量。切割面则可使用另一种材料。

3. 两者不要间隔过大，也可以略微旋转或移动。

赫尔佐格&德梅隆，林肯路1111号
美国，佛罗里达，迈阿密
摄影：Andrew Wall

52

"想找一位伟大的老师来帮你预知未来？还不如去问那些斑驳的古迹呢！"

穆罕默德·穆拉特·伊尔登

看上去未完成的体量

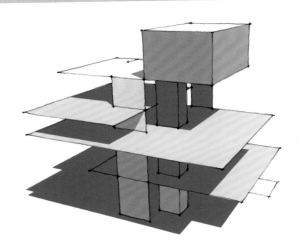

➕ 整体的造型由基础的建筑和结构元素组成，变形且留有许多空白，以彰显 "未完成"的概念。

牢记

1. 通过结构元素来构成体量，例如楼板、梁、墙体和柱子。

2. 将结构元素适当变形，使结构形式多样化。

3. 尽量低调地加入栏杆、幕墙和开口，不要使这些填充物喧宾夺主。注意留白。

恩森堡建筑师事务所
"平衡的游戏"住宅（Hemeroscopium House）
西班牙，马德里，拉斯咯扎斯
摄影：恩森堡建筑师事务所

福克萨斯建筑事务所
艾德米伦特（Admirant）入口建筑
荷兰，埃因霍温
摄影：Moreno Maggi

DE ADMIRANT

56

超级形体 / 抽象
#hypershape/abstraction

"从来就没有抽象艺术。一切都始于具象，而后再抹除掉所有真实的痕迹。"

巴勃罗·毕加索

一个拥有有机形态的体量

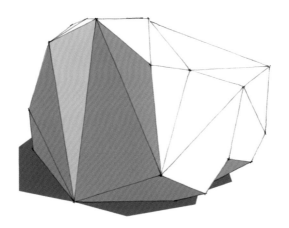

● 参数化操控的形体是抽象的，或者说是有机的。它们生成了更为高等的几何体，且无法被还原为基础的立方体形式。

牢记

1. 规避欧几里得几何（平面几何）与柏拉图体（正多面体），仅使用高等级的几何体。

2. 运用计算机程序来模拟有机形态；必须要有能控制形体的参数，以使体量具有可操作性。

3. 仅在体量上使用一种材料。若外壳没有与结构体系相吻合，则独立地设置开口。

超级形体 / 抽象
#hypershape/abstraction
彼得·库克与科林·福涅尔，格拉茨美术馆，格拉茨
奥地利
摄影：Marion Schneider & Christoph Aistleitner

组合出击
OPERATIONS AMONG VOLUMES

"构图，实际上是作品中每一部分内部功能
的有机组合。"

瓦西里·康定斯基

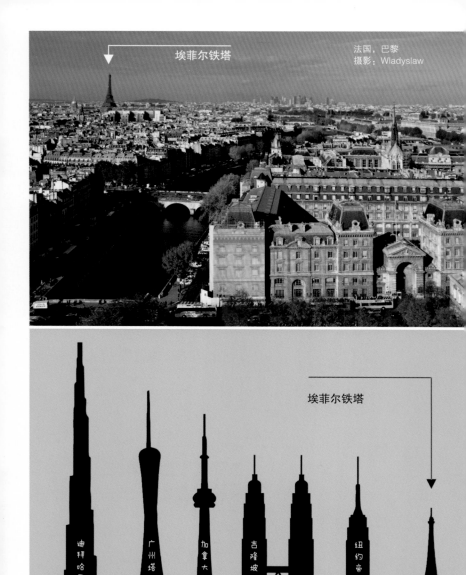

埃菲尔铁塔

法国，巴黎
摄影：Wladyslaw

埃菲尔铁塔

迪拜哈里法塔

广州塔

加拿大国家电视塔

吉隆坡双子塔

纽约帝国大厦

62

"时尚就如同建筑，比例才是关键。"

可可·香奈儿

仅当与其他体量产生对比时，
形体的尺度和比例才有意义

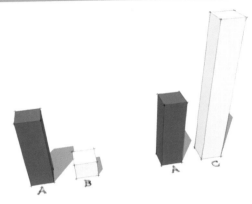

- 相较于 B 的体量，两幅图中的 A 都很高，但若和 C 比起来，则都显得矮。从比例上来说，A 和 C 都属于瘦长型。

- 物体的大小由其长宽高所决定。同时，这三个参数决定了几何体的比例。而与同场景下其他几何体的对比，则决定了它的尺度。

牢记

1. 如果你想让一个体量看起来高大，那就在它边上放一个矮小的。反之亦然。

2. 如果你想让建筑对准某一个方向，那么朝向该方向的体量需远大于其他方向上的。

3. 运用对比来强调方向、色彩和美学特色。

安藤忠雄，4x4混凝土住宅II
日本，神户，兵库县
摄影：森本浩光–Het 大阪建筑

滑移衔接

衔接
#joint

"当我设计建筑时，不仅要考虑如何将部分构成整体，更要想象人们如何走近建筑和他们身处其中的空间体验。"

安藤忠雄

由两个或两个以上的体量衔接而成

错位衔接 　　　　　　　不同高度体量的衔接

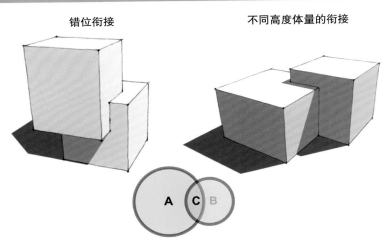

➕ 衔接是一种特殊的体量关系，两体量相交部分是共享空间（C）。

牢记

1. 通过体量的错位来显示衔接，在高度和深度上调整尺寸，产生丰富的样式；避免出现共面的情况。

2. 记住，衔接的两体量会产生共享的第三空间，它同时也是两体量的一部分。可赋予此空间特殊的功能和用途。

3. 两体量的处理手法可以不同。

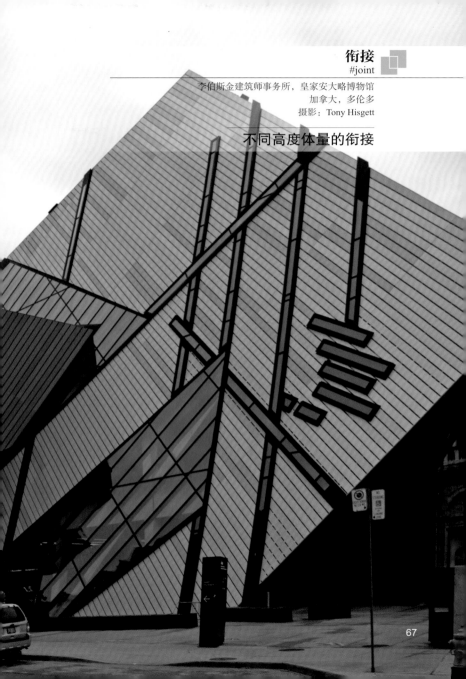

衔接
#joint

李伯斯金建筑师事务所，皇家安大略博物馆
加拿大，多伦多
摄影：Tony Hisgett

不同高度体量的衔接

67

多斯玛斯诺建筑事务所（dosmasuno arquitectos）
卡拉班切尔居住区
西班牙，马德里
摄影：Miguel de Guzmán, ImagenSubliminal.com

侵蚀

增生 – 侵蚀
#sum-traction

"但凡有人体验过在漆黑一片的废墟中听到一滴水声的情境，那他就能证明，仅靠听觉也能从黑暗的虚无中雕刻出一处空间。耳朵所追踪到的空间，成为思维中的一处洞穴。"

斯蒂文·霍尔

额外挂置的体量仿佛是从主体中生长出来的；
同时也像是主体被侵蚀后的产物

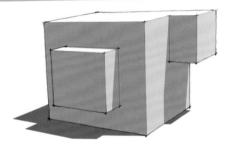

⊕ 增生：由一个体量附着在另一个体量上的加成手段。体量间不共享任何空间，只在体积上连续（紧靠在一起，并不相交）。

⊕ 侵蚀：不同部分堆叠在一起，反而使整体看起来像是一个被侵蚀过的完整体量。

牢记

1. 先放置项目的主体量，再把较小的体量横向地紧贴其上，以此来清晰地展示两者。

2. 若你想让体量看起来像是一个被开凿过的单体，则在每一部分使用相同材料。一般说来，悬挑和后退部分的开口要相互独立，且富于变化。

3. 若你想让挂置的体量看起来像是主体的增生，则使用不同的材料和开口方式。

70

增生 - 侵蚀
#sum-traction

MVRDV，WoZoCo 老年公寓
荷兰，阿姆斯特丹
摄影：Rob't Hart

增生

SANNA，纽约当代美术馆新馆
美国，纽约
摄影：Nick-D

重叠

#overlapping

"重复赋予建筑一种颇具动势的结构，使建筑获得（类似）生物学上的时态，一种打拍和空档交错的韵律。"

弗兰克·普利尼

紧密放置在一起的体量，不断粘连重复（并不相交）

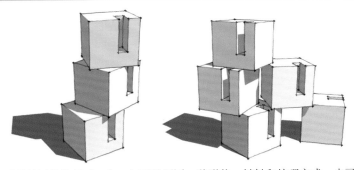

⊕ 重叠放置的体量（A 和 B）可以用同一种形状、材料和处理方式，也可以各有不同。

牢记

1. 重叠放置那些可以很容易区分形状的体量，小心不要将它们混乱交织在一起。

2. 互相之间可以略微旋转、滑移或推拉，但需有所关联。

3. 按此文所说的规则，使用你选择的颜色、材料和装饰来处理这些体量。

詹姆斯·斯图尔特·波尔谢克，海登天文馆
美国，纽约
摄影：Alfred Gracombe

包含
#inclusion

"是包罗万象，而非孤傲不群，这是爵士乐的精神所在。"

赫比·汉考克

一个体量包含于另一个体量之中

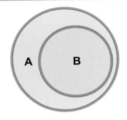

➕ 将一个体量包含于另一个体量之中，会转化主体量的空间，形成两种不同层级的空间：一种是两个体量之间的空间（A）；另一种是被包含体量的内部空间（B）。

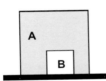

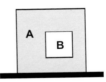

A 两个体量之间的空间
B 被包含体量的内部空间

牢记

1. 要在两个体量之间留有足够大的空间，使得两者都能被清晰地辨认。

2. 使两个体量之间的空间在每个方位上都有功能。若内部被包含的空间是悬置的，则亦需要为其上下的空间作功能安排。

3. 主体空间需要用简单纯粹的几何体，以使得内部被包含的空间更容易被辨认。

奥文建筑设计事务所（Oving Architecten）
住宅建筑（Overkapping Commandantswoning）
荷兰，韦斯特博克
摄影：Susan Schuls

斯蒂文·霍尔建筑师事务所
尼尔森·阿特金斯艺术博物馆
密苏里州，堪萨斯城
摄影：Marc Teer

地下连通

斯蒂文·霍尔建筑师事务所
北京当代MOMA
中国，北京
摄影：Res

空中连通

连通

#link

"链条中最薄弱的一环实际上却是最有力的，因为它可以用来打断链条。"

斯坦尼斯洛·哲西·勒克

由数个体量组成的造型系列，在视觉上通透，但却在空间上相连

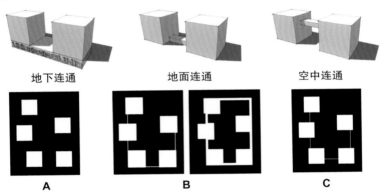

地下连通　　　　　　地面连通　　　　　　空中连通

A　　　　　　　　　　**B**　　　　　　　　　　**C**

- ➕ **A**——不将体量实际相连，就意味着它们在视觉上没有联系。

- ➕ **B**——地面的闭环状连通，将开放的公共空间分隔成为一个私密空间。

- ➕ **C**——空中连通意味着地面的公共空间未被影响，而体量却在视觉上有联系。

牢记

1. 若想要得到一个类似屏障的建筑造型，那就在地面上将这组体量通过路径连接起来。

2. 若不想让体量实际相连，那么可以通过开放公共空间的景观设计达到建立联系的目的。若是地下连通，则需思考地下部分的通风和照明系统。

3. 空中连通将体量在视觉和实际上都相连，并可避免干扰地面空间的连贯性。

連通
#link

集装箱工作室 / 岸本高信，日本阿波市某住宅
日本，阿波市，德岛县
摄影：富田荣次

地面连通

MVRDV，双子座住宅
丹麦，哥本哈根
摄影：Rob't Hart

一个主导方向

"步骤用来讲解方法，而方向则用来解释原因。"

西蒙·斯涅克

向心的形状趋于稳定，
方向性的形状暗示动态

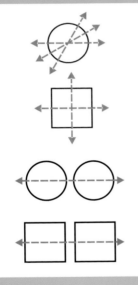

无限多的主导方向

- 球体 / 圆柱体 / 圆锥体（底面是圆形）
- 全面向心系统

双重主导方向

- 平行六面体（底面是正方形）
- 双向向心系统

单一主导方向

- 双球体 / 双圆柱体 / 双圆锥体
- 线性系统

单一主导方向

- 双立方体
- 线性系统

牢记

1. 若你想在任何方向上都能以相同的方式来感知体量，那么就使用圆柱体的形式，并仅用一种材料来处理。

2. 若你想在两个正交方向上能以相同的方式来感知体量，那么就使用底面是正方形的体块形式。

3. 若你想让体量拥有一个主导方向，那就用平行六面体，或者用一系列线性紧密排列的体量。

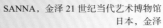

方向
#directions

SANNA，金泽 21 世纪当代艺术博物馆
日本，金泽
摄影：金泽市公开图片库

无限主导方向

线性序列

米拉莱丝&塔格格里亚布–EMBT建筑事务所
六住宅
荷兰，阿姆斯特丹
摄影：Alessio Petecchia

线性序列

纽特灵·瑞吉克建筑师事务所
斯波伦堡联排住宅
荷兰，阿姆斯特丹
摄影：Res

"八度音阶里的十二个音和无穷的节奏变化，带给我灵感永不枯竭的创作源泉。"

伊戈尔·斯特拉文斯基

在空间中不断重复同一体量，
以显示自己是这个序列的一部分

线性序列

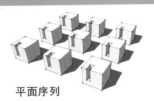

平面序列

- 序列意为单一元素沿着某轴线或平面规律性重复。为了显示其序列性，被重复的元素必须是可归类的，即相同或相似（材质和形式）。

- 序列性也可以通过每隔一段距离有节奏地重复出现，但此时，被重复的单体必须保持一致。

| A | | | | | | | Z |

- 记住，一般来说，序列的开头和结尾 (A 和 Z) 可以作为特殊情况考虑，它们可以通过改变形状和 / 或处理手法来扮演初始和结尾的角色。

牢记

1. 通过使用同一种形状和 / 或处理手法，使得序列中的所有体量都归属于一个系统。

2. 沿着某一轴线排列体量，或每隔一段距离有节奏地重复，注意必须保持同等的相隔空间。重复过程中的间隔构成了节奏，使得整个序列得以被识别和丈量。

3. 若你需要创造一个有不规则间隔的序列，那么请使用相同的元素进行重复，不然就会得到一组逻辑上无法关联的体量。

90

MVRDV，迪登家园
荷兰，鹿特丹
摄影：Rob't Hart

位置和处理手法的特殊性

古伊德斯·克鲁兹建筑事务所
阿尔卡比德希社保综合楼
葡萄牙
摄影：Ricardo Oliveira Alves

形状的特殊性

特殊性 / 变体 / 间隙
#exception/variaiion/gap

"游客到大城市最先发现的两点就是超人尺度的建筑和强烈的节奏感。这样的呆板几何空间令人何其痛苦。"

费德里科·加西亚·洛尔迦

序列感因特殊性的存在而更明显

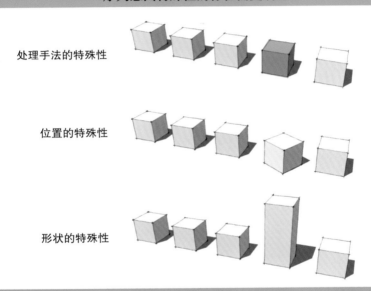

处理手法的特殊性

位置的特殊性

形状的特殊性

牢记

1. 在安排特殊化体量之前,要确保序列中有足够多的重复元素来体现序列感。

2. 通过安排特殊化体量(形状、位置、颜色和材料)来强调序列感。

3. 跳过一个或多个元素,留出间隙来安排特殊化体量。别忘了,间隙本身也是一种特殊性。

处理手法的特殊性

地面棋局
GROUND CONNECTION

"建筑设计永远离不开场地条件，我甚至认为场地本身就可以作为一种形而上并且富有诗意的联系，暗示其上会出现什么样的建筑。"

斯蒂文·霍尔

何塞·米亚斯，市场，巴塞罗那

5

伦佐·皮亚诺，理查德·罗杰斯，蓬皮杜中心，巴黎

6

让·努维尔，阿拉伯世界文化中心，巴黎

7

形状和开敞空间
#shape and open space

"每个城市的形状都取自于它想努力改造的荒芜之地。"

伊塔洛・卡尔维诺

体量所在的位置构成了空间

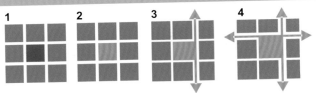

- ⊕ **1.** 无等级划分的路网
- ⊕ **2.** 无等级划分的路网中包含的广场
- ⊕ **3.** 只有一条主干道的路网中包含的广场
- ⊕ **4.** 双主干道的路网中包含的广场

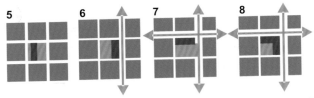

- ⊕ **5.** 包含一个大广场和一个小广场
- ⊕ **6.** 内进型广场（不与主干道连通）
- ⊕ **7.** 外延型广场（与两条主干道中任一条相连通）
- ⊕ **8.** 双内进型广场（与两条主干道均不连通）

牢记

1. 广场包含两种：一种是体量中包含的开敞空间，另一种是通过放置体量围合出的开敞空间。

2. 通过调整开敞空间的大小和围合出它的体量的高度，使广场的尺度更合适。

3. 若想创造两个不同的空间，则在空地的正中间放置体量。

包含一个大广场和一个小广场的布局

长边开敞的体量

SANNA
2009夏季长廊，蛇形艺廊
伦敦，肯辛顿花园
摄影：Cjc13

纵面开敞的体量

芮内·凡·祖克建筑事务所（René Van Zuuk Architekten）
住宿部（ARCAM）
荷兰，阿姆斯特丹
摄影：Res

"都市建筑往往是空间的造型师。"

马修·弗莱德里克

形状创造了路径和开口

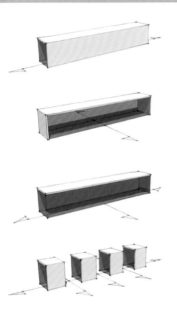

一个将最短纵面打开的围合物

➕ 这样的体量将场地一分为二，但是均没有与体量产生特别的联系。该形状构成了纵向的路径。

一个将最长纵面打开的围合物

➕ 这样的体量将场地一分为二，各自都与长边建立了同等的联系。形状构成了纵向的路径，但也提供了横穿其中的可能性。

一个将纵向面全部打开的围合物

➕ 这样的体量将场地一分为二，并建立层级。一侧闭合，另一侧开口，以此来确立与周边环境不同的联系。

"过滤"系统

➕ 这样的"过滤"系统虽不再完全围合（可自由穿行），却也指示了路径（即最长边所在的方向）。

牢记

1. 通过形状和处理手法来显示体量的开合与前后。

2. 纵向放置体量，以不同功能或用途来区分空间。

3. 利用由不同元素组成的建筑系统保持实际的通透性，但也指示了路径和休息区的方向。

开口 / 闭合 / 路径
#opening/closure/passage

Comac，市中心长廊和主广场
法国，马赛
摄影：Philippe Ruault

"过滤" 系统

伦佐·皮亚诺，理查德·罗杰斯，蓬皮杜中心
法国，巴黎
摄影：BIBI

放置
#laid

"在指定的时间和地点之外 / 爱的徒劳 / 停在似乎永远完不成画卷 / 爱神和普赛克一同统治 / 也一同欢笑。"

弗朗西斯科·德·格雷戈里

一个体量一旦被放置下去，实际上就分隔出了空间

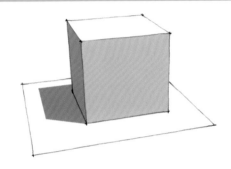

➕ 体量将场地分隔成 A 和 B 两处。体量四周空间的性质和特点并无变化。

牢记

1. 通过放置体量在视觉和实际上都分隔出空间。

2. 运用形状来暗示方向和路径，并尊重场地上现有的体量。

3. 外露出建筑系统的入口。

放置
#laid

阿尔伯特·坎珀·巴埃萨，莫林内尔住宅
西班牙，萨拉戈萨
摄影：Javier Callejas

JHK建筑事务所
联合利华办公大楼
荷兰，鹿特丹
摄影：Res

耶格尔·詹森建筑师事务所+德莱森建筑师事务所（Jager Janssen architects+DREISSEN architects）
海特博世餐厅
荷兰，阿姆斯特丹
摄影：John Lewis Marshall

"要学会飞，必须先学站、走、跑、爬和跳跃；没有谁能一蹴而就。"

弗里德里希·威廉·尼采

**悬浮的体量保证了与地面的连贯性，
创造出一个有遮蔽的广场空间**

⊕ 体量定义了两种空间，A 和 A1。

⊕ A 空间的特点并没有变，而 A1，虽然和 A 是连通的，但却因其特殊的位置而有了不同之处。

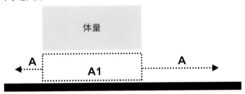

⊕ A1 空间由悬于其上方的体量所定义。

牢记

1. 如果不想改变地面空间的连贯性，那就把体量架离地面。

2. 地面空间必须有连贯而无层级的路径。如果需要层级感，则用地面处理加以展现。

3. 给开敞空间分配不同的功能，使体量底下的空间与其周围空间有所不同。

悬浮
#suspended

德卢甘・麦斯尔，保时捷博物馆
德国，斯图加特
摄影：Rick Ligthelm/flirck.com

德卡建筑事务所，阿洛尼
希腊，安迪帕罗斯岛
摄影：deca ARCHITECTURE

114

> "这世间只有土地才值得为之努力、奋斗和献身，因为唯有土地长存。"
>
> 杰拉尔德·奥哈拉 （《乱世佳人》）

埋在地下的体量不会在视觉上改变场地现有景观。
但它可以标记出地底部的开敞空间

- 很明显，尽管这样的开挖将原场地分隔成为 A 和 C 两部分，但地面的景观并没有改变。
- 该体量创造出了一个新空间 B。
- A、C 空间特性并没有改变。
- 新诞生了 B 空间。
- B 空间在深处，并由开挖出的边界所限定。

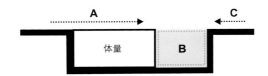

牢记

1. 如果你想隐藏体量，那就将其完全埋入地下，并通过景观设计来柔化通向它的路径。

2. 至少在地下布置一处空间来引入日光和空气。

3. 在地面上标记出底部建筑的规划空间和体量元素。

嵌入／融合
#embedded/merged

B.I.G 建筑事务所，丹麦国家海事博物馆
丹麦，赫尔辛格
摄影：Luca Santiago Mora

117

最终的火焰
FINAL FIREWORKS

更复杂的操作
complexity is more

斯蒂文·霍尔建筑师事务所，麻省理工学院学生宿舍
马萨诸塞州，剑桥
摄影：Daderot

框挖除架
挖变置
变放
放

121

大舍建筑设计事务所，嘉定新区幼儿园
中国，上海
摄影：舒赫

厚重体量
半透明
三维折叠
挖除
分离
放置

真实的谎言
TRULY FAKE

80% 的建筑难题都可以用"旋转和镜像"解决。

伊利欧·拉瓦

建筑是一种前沿艺术。仅当你接受了这项挑战，它才得以存在，否则就是纸上谈兵。

伦佐·皮亚诺

建筑太重要了，仅仅交给建筑师会略显草率。

吉安卡罗·德·卡罗

好的建筑解决方案永远指向问题的原点。解决问题，才是建筑存在的原因。

乔吉·格拉西

公寓，就是一个盒子被放在一个更大的盒子中，再将其放置在一个被称为"街区"的拥挤地方。

吉安卡罗·特拉姆托利

建筑是关于如何浪费空间的艺术。

菲利浦·约翰逊

我们塑造空间，而后空间来塑造我们。

温斯顿·丘吉尔

建筑学是一种可以习得的游戏：正确而华丽，在光影下拼接体块。

勒·柯布西耶

建筑是一种视觉艺术，建筑本身就说明了一切。

朱莉亚·摩根

每个伟大的建筑师都必须是一个伟大的诗人，且必须能够从本源理解他 / 她所在的时代。

弗兰克·劳埃德·赖特

好的建筑来自于善良的人，所有问题都可以被好的设计所解决。

史蒂芬·加迪纳

建筑是对真理的追求。

路易斯·康

住宅是用于生活的机器。

勒·柯布西耶

建筑本质上是生活的容器。我希望人们不要仅仅去观赏茶杯，而是要静心品茶。

谷口吉生

建筑是凝固的音乐。

歌德

形式遵循利益是我们这个时代的审美原则。

理查德·罗杰斯

赫尔佐格 & 德梅隆，沃克艺术中心
美国，明尼阿波利斯
摄影：Mark B. Schlemmer

厚重体量
半透明变形
扭曲挖除
衔接
放置
悬浮

125

真实的谎言
TRULY FAKE

建筑是发明创造。
奥斯卡·尼迈耶

每一个新的情境都需要新的建筑。
让·努维尔

没有一样东西能比建筑的比例更让建筑师费心的了。
维特鲁威

我的作品不是"形式服从功能",而是"形式服从美感",或者最好是"形式服从女性"。
奥斯卡·尼迈耶

形式服从美感。
奥斯卡·尼迈耶

时尚属于解脱,而非桎梏。
亚历山大·麦昆

每种形式都是颜色的基底,每种颜色都是形式的特征。
维克托·瓦萨雷里

建筑是功能的形式。
拉斐尔·维诺里

形式服从功能——这里存在一个误解。形式和功能应该统一,在精神上达到契合。
弗兰克·劳埃德·赖特

"伟大的形式"源自我们所理解到的终极现实。
克莱夫·贝尔

建筑应该为人所用,而不是相反。
约翰·波特曼

那些没有橄榄、没有美酒的人,才不需要建筑。
亨利·大卫·梭罗

每一个建筑都是唯一的原型,没有两个是相同的。
赫尔穆特·雅恩

人们最终想要的,还是秩序。
斯蒂芬·加得纳

不要太用力地关门——这是一栋非常老的建筑。
约翰·奥斯本

没有几个建筑师能够拒绝伟大。
雷姆·库哈斯

对于一个云中的城堡,是没有建筑规则的。
吉尔伯特·K·切斯特顿

MVRDV, 2000 年世博会荷兰馆
德国, 汉诺威
摄影: Rob't Hart

厚重体量·半透明·挖除·未完成·包含·悬浮

127

斯蒂文·霍尔建筑师事务所，罗伊西恩酒店（Loisium Hotel）
奥地利，朗根罗伊斯
摄影：Hamster28

厚重体量
扭曲变形
挖除
放置

**面的构成 · 线框 · 扭曲变形 ·
未完成 · 增生–侵蚀 · 包含 · 放置**

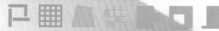

荷里 & 萨利（Heri & Sail），OFF 办公室
奥地利，布尔根兰州
摄影：Paul Ott

诺特林·里丁克建筑师事务所，河边博物馆
比利时，安特卫普
摄影：Rick Ligthelm/flirck.com

厚重体量
半透明
挖除
放置

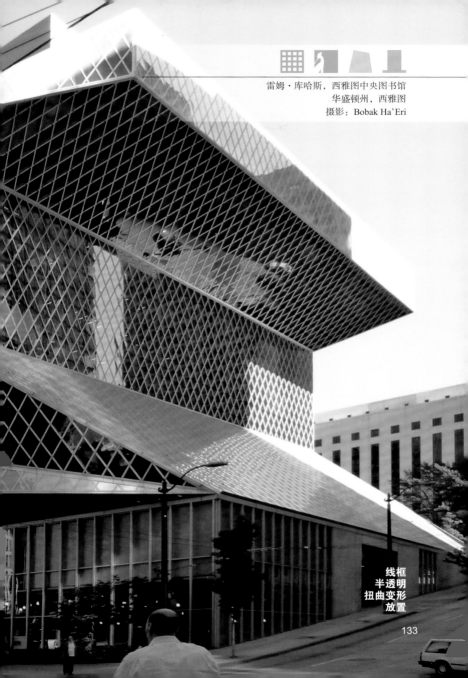

雷姆·库哈斯，西雅图中央图书馆
华盛顿州，西雅图
摄影：Bobak Ha'Eri

线框
半透明
扭曲变形
放置

133

作者简介

布亚斯·拉菲利毕业于罗马大学，获得建筑学拉丁文学位荣誉（cumlaude in Architecture）。随后数年，一直在该校建筑和工程学院从事建筑规划和设计领域的教研工作。

布亚斯·拉菲利拥有建筑学、建筑理论和规划的博士学位。研究领域包括住宅、人口密度和公共空间等，其研究成果被广泛讨论和学习，并作为与高校、政府机构和私人企业合作项目的重要资料。同时，他也是 BRRE 建筑事务所的合伙人，该事务所获得过各大国家级和国际奖项。其项目和研究课题也经常被各大建筑杂志引用。

图片版权

- 藤本壮介，N住宅，日本，大分县

  摄影："Amy" Hay Mew Hwang–CC BY 2.0

- 从巴黎圣母院看巴黎

  摄影：Wladyslaw–CC BY–SA 3.0

- 安藤忠雄，4x4混凝土住宅II，日本，神户，兵库县

  摄影：森本浩光–Нет大阪建筑–CC BY–SA 2.0

- SANNA，纽约当代美术馆新馆，美国，纽约

  摄影：Nick–D–CC BY–SA 3.0

- 赫尔佐格＆德梅隆，维特拉家居博物馆，德国

  摄影：Wladyslaw–CC BY 3.0

- 詹姆斯·斯图尔特·波尔谢克，海登天文馆，美国，纽约

  摄影：Alfred Gracombe–CC BY 2.5

- 斯蒂文·霍尔建筑师事务所，尼尔森·阿特金斯艺术博物馆，密苏里州，堪萨斯城

  摄影：Marc Teer–CC BY 2.0

- SANNA，金泽21世纪当代艺术博物馆，日本，金泽

  摄影：金泽市公开图片库–CC BY 2.1

- SANAA，2009夏季长廊，蛇形艺廊，伦敦，肯辛顿花园

  摄影：Cjc13–CC BY–SA 3.0

- 斯蒂文·霍尔建筑师事务所，麻省理工学院学生宿舍，马萨诸塞州，剑桥

  摄影：Daderot–CC BY–SA 3.0

- 赫尔佐格＆德梅隆，沃克艺术中心，美国，明尼阿波利斯

  摄影：Mark B. Schlemmer–CC BY 2.0

- 斯蒂文·霍尔建筑师事务所，罗伊西恩酒店，奥地利，朗根罗伊斯

  摄影：Hamster28 – 公开

- 雷姆·库哈斯，西雅图中央图书馆，华盛顿州，西雅图

  摄影：Bobak Ha'Eri–CC BY 3.0

译者简介

滕艺梦 （Imon Teng）

美国建筑师协会会员，华盛顿哥伦比亚特区注册建筑师，美国绿色建筑专业人员 AP BD+C，美国弗吉尼亚大学建筑硕士，东南大学道路桥梁与渡河工程学士。

栗茜 （Sherry Li）

ArchiDogs 建道筑格 CEO& 联合创始人，美国绿色建筑专业人员 AP BD+C，宾夕法尼亚大学（University of Pennsylvania）景观建筑学硕士，东南大学建筑学硕士及学士。曾就职于美国波士顿 Elkus Manfredi Architects 建筑设计公司，参与波士顿昆西市场和华盛顿联合车站历史保护规划和建筑改造项目。

特别感谢黄家骏为全书最终核校付出的努力。

黄家骏（Alex Wong）

香港大学建筑系一级荣誉学士，哥伦比亚大学建筑系研究生候选人，曾为 *The Architect's Newspaper*、*Arch2O*、《南华早报》、《建筑志》、ArchiDogs 建道撰文。曾就职于 MOS Architects, Solomonoff Architecture Studio, SWA。

ArchiDogs ｜建道

由年轻设计师引领的国际化设计新媒体与教育机构，于 2015 年初由哈佛大学，宾夕法尼亚大学及哥伦比亚大学毕业生共同创建。立足于北美，关注世界建筑、室内、景观、城市设计等学科的教育与实践，受众遍布全球各大建筑院校和建筑公司。建道以线下活动为核心凝聚力，以网络平台为媒体阵地，以实体设计研究所为教育基地，力求传播设计教育，促进学科交流，指南职业发展，推动设计创新。